Abdelkrim Tahraoui

Méthode d'administration et impacte sur l'efficacité de l'hespéridine

Issam Nessaibia
Abdelkrim Tahraoui

Méthode d'administration et impacte sur l'efficacité de l'hespéridine

Éditions universitaires européennes

Impressum / Mentions légales

Bibliografische Information der Deutschen Nationalbibliothek: Die Deutsche Nationalbibliothek verzeichnet diese Publikation in der Deutschen Nationalbibliografie; detaillierte bibliografische Daten sind im Internet über http://dnb.d-nb.de abrufbar.

Information bibliographique publiée par la Deutsche Nationalbibliothek: La Deutsche Nationalbibliothek inscrit cette publication à la Deutsche Nationalbibliografie; des données bibliographiques détaillées sont disponibles sur internet à l'adresse http://dnb.d-nb.de.

Coverbild / Photo de couverture: www.ingimage.com

Verlag / Editeur:
Éditions universitaires européennes
ist ein Imprint der / est une marque déposée de
OmniScriptum GmbH & Co. KG
Heinrich-Böcking-Str. 6-8, 66121 Saarbrücken, Deutschland / Allemagne
Email: info@editions-ue.com

Herstellung: siehe letzte Seite /
Impression: voir la dernière page
ISBN: 978-3-8416-6369-6

Zugl. / Agréé par: Laboratoire de Neuro-endocrinologie Appliquée Département de Biologie Université Badji Mokhtar B.P. 12, Annaba 23000, Algérie.

Sommaire

Liste des abréviations

ACTH : corticotrophine (Adreno-Cortico-Tropic-Hormone)

ARNm : acide ribonucléique messager

CNS : système nerveux central (Central nervous system)

CRH : corticolibérine (Cortico-Releasing-Hormone)

CRP : protéine C- relatif (C-reactive protein)

Da : Dalton

EDTA : acide éthylène diamine tétra-acétique

ELISA : stands for enzyme-linked immuno assay

EPM : labyrinthe surélevé (Elevated plus-maze)

ETM : labyrinthe surélevé en forme de T (Elevated T-Maze)

GR récepteur aux glucocorticoïdes

GRAN : Granulocytes

HPA : hypothalamo-pituitaire-adrenal

I.p. : intra péritonéale

IL6 : interleukin 6

LDB : boite claire / obscure (Light/Dark Box)

LYM : lymphocytes

MONO : monocytes

Na Cl : Sodium chloride

NFkB : Nuclear Factor Kappa-Light-Chain-Enhancer of Activated B Cells

NK : tueuses naturelles (Natural killer cells)

OF: open field

pH : Le potentiel hydrogène

SAA : sérum amyloïde A

SEM : erreur moyenne standard

TNFα : facteur de nécrose tumorale alpha (Tumor Necrosis Factor alpha)

W : watt

WBC : globules blancs

Abstract

This study was carried out on male Wistar rats has shown the importance of the non-invasive administration techniques for the treatment by hesperidin, including oral administration technique. Compared to this administration technique, a month of hesperidin injections (40 mg / kg) does not show enough preventive ability against significant immune and behavioral alterations induced by two hours of air jet in the cage of the animal identified respectively by the leukocyte formula and behavioral tests: Open field, Elevated plus-maze, Elevated T-maze and Light/Dark Box. This study suggests that unlike oral administration, the Handling and the pain associated with repeated intra-peritoneal injections cause the generation of a pseudo-stress expressed by a significant increase of the obtained plasma levels of ACTH, IL-6 and CRP shown using only injections of hesperidin vehicle NaCl 0.9% (1ml/kg). These immune-endocrine mediations triggered after such a negative contact with the animal (injections) may have side effects on the efficiency of hesperidin by slowing the anxiolytic properties.

Key words: Administration techniques, hesperidin, anxiety-like behavior, immunological disorders, IL6, ACTH.

Introduction

1. INTRODUCTION

L'existence phylogénique des biocénoses exigea ; une adaptabilité diversifiée permettant aux espèces de survivre dans les conditions environnantes. A cet égard, la survie des organismes dépend de leur susceptibilité à endurer tous les facteurs potentiellement nocifs. Ces facteurs perceptibles correspondent à un concept biologique primordial connu sous l'appellation « stress ». La manifestation du stress est souvent induite par un agresseur du monde extérieur qui va modifier un ensemble d'interactions complexes entre le système immuno - endocrinien, indispensable pour la régulation des fonctions cérébrales telles que les émotions et la cognition (Claude et al., 2002). Ceci est généralement associé à une réponse immunitaire pro-inflammatoire due à une activation de l'axe corticotrope (HPA) afin de moduler les ressources de l'organisme contre un agent qui reste non définit pour le SNC tant qu'il se présente comme un stimulus d'une intensité suffisante capable d'activer les centres de douleur ou et évoquer un traumatisme (Herbert et al., 1993 ; Besedovsky et al., 1996).

Cette préparation de l'organisme est assurée par une forte activation neuroendocrinienne. La première vague, qui survient en quelques secondes, correspond à la libération de catécholamines (adrénaline et noradrénaline) par les terminaisons du système nerveux sympathique et par les glandes surrénales. Cette première réponse est responsable de l'augmentation de la préssion artérielle, du rythme cardiaque et de la concentration plasmatique en acides gras libres et en glucoses.

En parallèle, l'activation de l'hypothalamus par les centres supérieurs (système mésolimbique, amygdale) conduit à la sécrétion de corticolibérine (cortico- releasing hormone ou CRH) dans le système porte hypothalamo- hypophysaire. L'hypophyse répond à la libération de CRH par la sécrétion d'adénocorticotropine (adenocorticotropin hormone ou ACTH).

La réponse neuroendocrinienne permet de mettre le système immunitaire en état d'alerte. En effet, les cellules immunitaires disposent de récepteurs pour bon nombres des acteurs neuroendocriniens cités ci-dessus. Les récepteurs des glucocorticoïdes, de la prolactine, de l'hormone de croissance, de l'œstradiol ou de la testostérone sont exprimés par les cellules immunitaires. En général, les glucocorticoïdes, les androgènes, la progestérone et l'ACTH dépriment les fonctions immunitaires, alors que la GH, la prolactine, la thyroxine et l'insuline les stimulent (Besedovsky and Del Rey, 1996; Dorshkind and Horseman, 2001). Le système immunitaire intègre aussi des informations nerveuses : les organes lymphoïdes primaires (thymus, moelle osseuse) et secondaires (rate et ganglions) sont sous le contrôle des terminaisons nerveuses sympathiques et cholinergiques (Felten et al., 1991). Les leucocytes expriment des récepteurs pour de nombreux neurotransmetteurs et neuropeptides: récepteurs α-adrénergiques, récepteurs aux endorphines, aux enképhalines, à la substance P, à la somatostatine et au peptide vasointestinal (Blalock, 1989).

En plus les glucocorticoïdes sont connus pour leur activité anti-inflammatoire et immunomodulatrice (Munck et al., 1984). Lors d'une réponse inflammatoire, ils inhibent la production de cytokines inflammatoires par les macrophages et les lymphocytes T, ils aident à réguler la réponse de fièvre et favorisent la production des protéines de la phase aiguë par le foie (Munck et al., 1984;

7

Wilckens and De Rijk, 1997). Ils inhibent aussi la prolifération des lymphocytes T, diminuent l'activité bactéricide des macrophages et suppriment l'activité cytotoxique des cellules tueuses naturelles (NK). Cependant, les glucocorticoïdes peuvent aussi exercer des propriétés immunostimulantes sur les lymphocytes B (Wilckens and De Rijk, 1997). Ils favorisent la recirculation des cellules immunitaires (Dhabhar et al., 1995). Le système sympathique exerce également un contrôle sur le trafic des cellules immunitaires, notamment en favorisant la libération de chémokines qui attirent les neutrophiles sur le lieu de l'inflammation (Elenkov et al., 2000). Les catécholamines orientent la différenciation des cellules T, modulent la prolifération lymphocytaire, l'activité bactéricide des macrophages et l'activité cytotoxique des NK (Elenkov et al., 2000). Elles peuvent jouer un rôle tantôt immunostimulant, tantôt immunosuppresseur.

Le traitement des animaux de laboratoires au cour d'une expérimentation peut être considéré comme un stress, en conséquence déclencher une réponse neuroendocrine non désirable chez ces animaux. Cela de même pour le traitement par les antioxydants naturel couramment utilisés comme l'hespéridine. Malgré qu'elle représente que ce soit par administration orale ou par injection intra-péritonéal une voie importante pour diminuer les troubles métaboliques et l'abondance des radicaux libres à cause du mode d'action d'hormones de stress et des cytokines sur l'oxydation des cellules cibles (Wasowski , 2011 ; Aschbacher, 2013 ; Hirata et al 2005; Garg et al., 2001). Mais le pseudo – stress infligé à la fois par le Handling de l'animal et la douleur des narcoses répétées de l'aiguille associé à cette dernière peut probablement interférer en diminuant la capacité du médicament à corriger le statut physiologique et comportemental de l'animal.

Ces avancées ont été tirées à partir de nombreuses critiques de la définition classique du placebo (Mavissakalian, 1987; Coryell and Noyes, 1988) étant une substance inactive sans le moindre effet pharmacologique montrant ainsi l'importance de la considération de la technique d'administration elle-même, surtout en ce qui concerne l'expérimentation sur les rongeurs où l'environnement social externe est un facteur clé lors de l'approche avec ces animaux (Drago et al., 2001 ; Sonja et al ., 2005).

En effet l'expérience social est liée directement avec le processus inflammatoire (Bartolomucci, 2007 LeMay et al., 1990; Takaki et al., 1994). Chez la sourie et le rat, un stress social incluant les injections est capable d'altérer les fonctionnements du système immunitaire en provoquant une augmentation des taux des cytokines pro-inflammatoires (IL-6 ,TNF-a…) et aboutissent vers une résistance aux glucocorticoïdes (Kinsey et al., 2008; Powell et al., 2009 ; Takaki et al., 1994). En conséquence, probablement compromettre la qualité des résultats obtenus sur la numérotation sanguine et les tests comportementaux visant à démontrer l'efficacité de l'hespéridine lors d'un Protocol expérimental quelconque à cause d'une négligence de l'impacte du choix de la technique d'administration sur l'état anxieux du model animal utilisé.

La présente étude vise à produire le même contexte expérimental sur le rat wistar, utilisant ainsi deux techniques d'administrations différentes (l'injection intra-péritonéal, administration orale) avec une même dose d'hespéridine pour traiter les altérations leucocytaires et comportementales induites par un stress psychogène (le air jet stress) tout en essayant de mettre en évidence la réponse immuno-endocrine non désirable liée à la technique d 'administration elle-même , aux manipulations expérimentales en appliquant respectivement (l'injection intra-péritonéal, administration orale) du véhicule approprié (Na Cl 0,9% ; 1ml/Kg) uniquement pendant un mois poursuivie par un dosage d'ACTH , IL6 , CRP plasmatiques.

Matériel et

Méthodes

2. MATERIEL ET METHODES

2.1. Matériel biologique

2.1.1. Animaux d'élevage

Le matériel biologique de base que nous avons choisi est le rat blanc mâle adulte *Rattus rattus* de la souche Wistar, provenant de l'institut Pasteur d'Alger. Ces rats sont des mammifères nocturnes de l'ordre des rongeurs. Leur puberté survient entre 50 et 60 jours après la naissance chez les deux sexes, la descente des testicules se produit bien avant la puberté, habituellement autour de l'âge de sevrage. Un rat en santé peut vivre entre 02 ans et demi à 03 ans dépendant de la souche, du sexe, des conditions environnementales et autres variables (Baker et al., 1980). A leur arrivée, ces rats pesaient entre 140 et 160 grammes, et au début de l'expérimentation, ils pesaient en moyenne 200 ± 20 grammes.

2.1.2. Conditions d'élevage

Les animaux sont élevés dans des cages translucides en polyéthylène, celles-ci sont tapissées d'une litière composée de copeaux de bois. Les cages ont été nettoyées et la litière changée une fois tous les deux jours. Les rats sont acclimatés aux conditions de l'animalerie, à une température moyenne de $25 \pm 2°C$, une photopériode naturelle et une hygrométrie de 50%. La nourriture apportée aux animaux est confectionnée sous forme de bâtonnets constitués de maïs, son, remoulage, soja, CMV (Sarl la production locale aliment souris et rats Bouzaréah- Alger).Quand à l'eau de boisson, elle est présentée dans des biberons *ad libitum*.

2.2. Méthodes

2.2.1. Traitements et groupes expérimentales

Deux expériences ont été menées pour la réalisation de cette étude avec diffèrent groupes de rats.

- *Expérimentation 1*

Quarante rats, ont été divisés en quatre groupes (n=10). Le groupe T désigne les témoins. Le groupe GH quand a lui, subit un entrainement pendant une semaine avec 2 ml de solution sucré 5% directement de la seringue. Les animaux s'adaptent vite à cette procédure ce qui permettra le passage à l'administration orale de l'hespéridine (Sigma, St. Louis, MO, USA) à raison 40 mg/kg trois fois par jour.

Même fréquence et dose a été attribuée au groupe IH mais par voie d'injection intra-péritonéal (i.p). La durée du traitement par antioxydant est de un mois avant l'application du air *jet* stress simultanément avec groupe S stresser le j 30. Cette manière de traiter est basée sur les parcours récents dans le domaine de la psycho-traumatologie qui explore des méthodes permettant de prévenir les troubles anxieux avant même que leurs apparitions fait lieu (Reno et al., 2008). A la fin de la séance de 2h du air jet stress, le comportement des quatres groupes des animaux a été testé dans plus-maze (EPM), open field (OF), light/dark box (LDB), elavted T-maze (ETM), ensuite sacrifier par décapitation, sous anesthésiant mild diethyl ether. La collecte du sang est faite dans des tubes ethylene-diaminetetraacetic acid (EDTA)-coated pour la réalisation de la formule lymphocytaire.

- *Expérimentation 2*

Trente rats repartis en trois groupes (n=10). Comme dans l'expérimentation précédente, le groupe T servira de témoin et le groupe G est familiarisé avec l'administration orale directe à l'aide de la solution sucrè 5% puis traité momentanément avec le groupe IP pendant la durée d'un mois (3 fois /jour) par le véhicule de l'hespéridine Na Cl 0.9 % (1ml/kg) ou placebo, par voie d'administration orale et injection intra-péritonéal pour le groupe IP. Le j 30 de l'expérimentation, les animaux après anesthésie ont été décapités pour l'obtention du sérum préparé immédiatement par centrifugation à 3,000×g pendant 15 min. Le surnageant est utilisé pour la mesure des taux d'ACTH, IL6, CRP.

Tableau 1. Designation et traitment des groupes expérimentaux.

Désignation du groupe (n=10)	Traitement
T (témoin)	Rats non stressés non prétraités
G (control gavage)	Rats non stressés prétraités par voie orale au véhicule (placebo)
IP (control injection)	Rats non stressés prétraités par voie intra-péritonéale au véhicule
IH (injection hespéridine+ air jet stress)	Rats non stressés prétraités par voie intra-péritonéale à l'hespéridine
GH (gavage hespéridine+ air jet stress)	Rats non stressés prétraités par voie orale à l'hespéridine
S (air jet stress)	Rats stressés

2.2.2. Administration de l'hespéridine

L'hespéridine (Sigma-Aldrich, Germany ; Fig.1) est un flavanone glycosylé (glycoside) constitué d'un flavanone appelé hespéritine et d'un disaccharide nommé rutinose. C'est une substance solide peu hydrosoluble. Elle est cependant plus hydrosoluble que son aglycone, l'hespéritine. Sa formule moléculaire est $C_{28}H_{34}O_{15}$ et son poids moléculaire est de 610,57 Da. Son disaccharide, le rutinose, est composé de glucose et de rhamnose (6-désoxy-L-mannose) (Park et al., 2008).

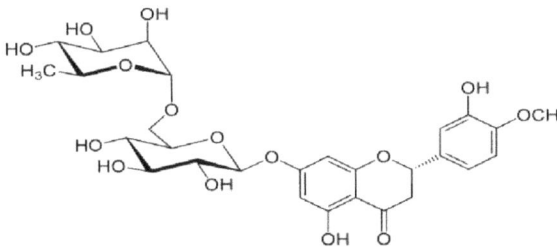

Figure 1. Structure chimique de l' hespéridine (Park *et al.*, 2008).

Au cours de cette expérimentation, l'hespéridine a été dissoute dans un sérum physiologique NaCl 0,9% puis administrée aux lots GH et IH par gavage et injection intra-péritonéale à raison 45mg /kg de poids corporel /jour pendant trente jours consécutifs. Cette administration a été adoptée des études ayant démontré son efficacité sur les rats (Wasowski et al., 2012).

2.2.3. Air jet stress

Le air jet stress choisi d'après de nombreux travaux scientifiques (Lundin et al., 1982, 1983, 1984 ; Koepke and DiBona, 1985 ; Julien et al., 1988, 1992 ; DiBona and Jones, 1995 ; Zhang et al., 1996 ; Barrès et al., 2004 ; Kanbar et al., 2007a) est un stress à la fois émotionnel et physique provoqué en envoyant un jet air d'une pression constante de 1 bar à l'aide d'un compresseur muni d'un manomètre dans la cage du rat à travers un orifice latéral.

La procédure du air jet stress a été effectuée au $30^{\text{éme}}$ jour du protocole pendant une durée de 2 heures, pendant lesquelles le rat a été mis dans une cage en plexiglas (28 x 9 x 14 cm) (Fig.2). La cage est dotée de plusieurs trous pour permettre la ventilation et le renvoi d'une pression condensé de l'aire. Les rats qui n'ont pas subis le stress ont été placés dans un dispositif identique à celui utilisé pour les sessions de stress. Après chaque session, le rat a été retourné dans sa cage d'élevage et le dispositif essuyé par une solution d'éthanol 70%.

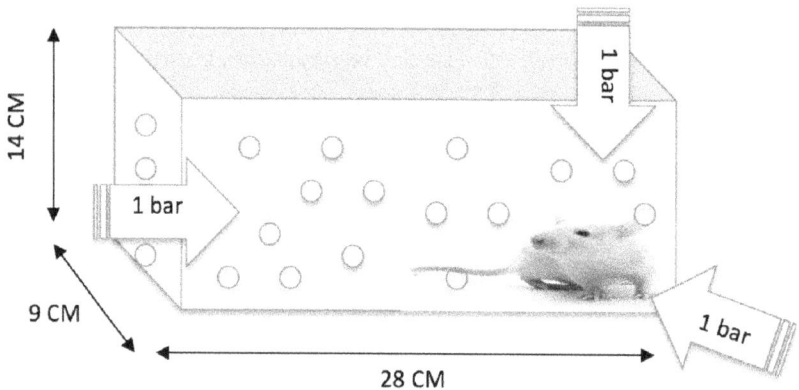

Figure 2. Illustration schématique du dispositif servant au jet air stress.

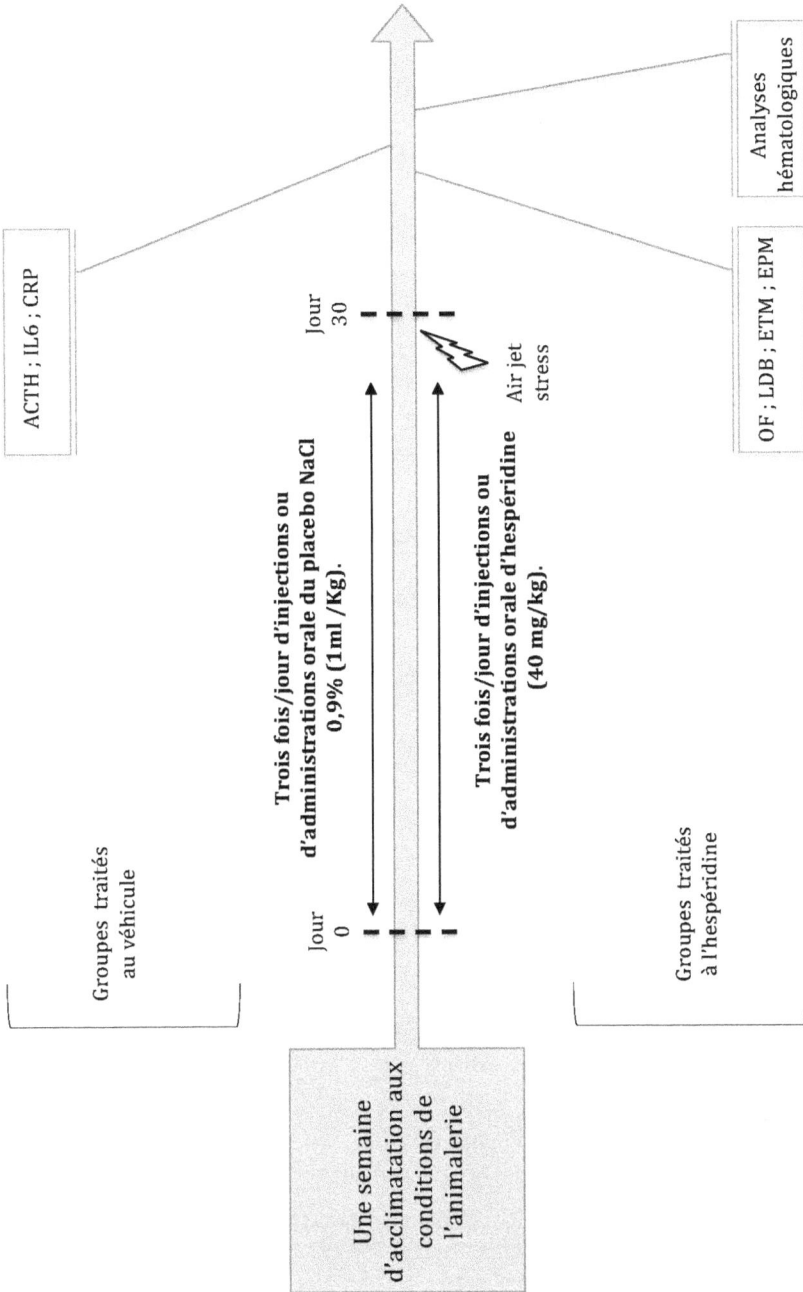

Groupes traités au véhicule

ACTH ; IL6 ; CRP

Jour 30

Trois fois/jour d'injections ou d'administrations orale du placebo NaCl 0,9% (1ml /Kg).

Trois fois/jour d'injections ou d'administrations orale d'hespéridine (40 mg/kg).

Air jet stress

Jour 0

Une semaine d'acclimatation aux conditions de l'animalerie

Analyses hématologiques

OF ; LDB ; ETM ; EPM

Groupes traités à l'hespéridine

17

2.2.4. Tests comportementaux

2.2.4.1. Tests du labyrinthe en croix surélevé (Elevated plus-maze test; EPM)

Le dispositif consiste en labyrinthe croisé avec deux bras ouvert (50×10cm) et deux bras fermés (50 × 10 × 45 cm). L 'appareil se situe à une hauteur de 50 cm au dessus du sol (Patin et al., 2005). La chambre où le test était effectué, est éclairée par une lampe électrique de 60-W suspendu à 175 cm de la zone central du labyrinthe (Estanislau and Morato, 2005). Chaque rat est placé individuellement au centre du dispositif orienté vert l'un des deux bras ouverts et son exploration libre est mesurée pendant 5 min à l'aide du logiciel EhtoLog 2.2 ^{TM} (Ottoni et al., 2000). L'expérience exploite le conflit chez les rongeurs, entre la peur des espaces ouverts et le désir d'explorer un nouvel environnement (Pellow et al.,1985). Les paramètres mesurés dans ce test sont : le temps passé dans les bras ouverts, le temps passé dans les bras fermés. A la fin de chaque session le dispositif est essuyé à l'éthanol 70 % pour éviter le transfert des signaux olfactifs entre les animaux.

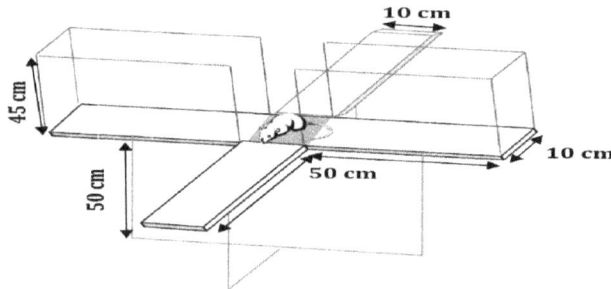

Figure 4. Illustration schématique du labyrinthe en croix surélevé.

2.2.4.2. Test du champ overt (Open field; OF)

Le test du champ ouvert est considéré comme un atout fondamental pour la mesure de l'activité locomotrice exploratrice spontané chez les rongeurs tout en reflétant la peur caractéristique de ces animaux face à des espaces ouverts (Angrini et al., 1998). Les dimensions de ce test ont été retenus d'après les travaux (Sáenz et al., 2006), comme étant une plateforme cubique en plexiglas (70 cm ×70 cm × 40 cm) divisée en zone central (35 cm^2) et périphérique pour que l'expérimentateur peut mesurer le temps passé dans chaque zone pendant une session de 5 min réalisée semi-automatiquement par le logiciel EhtoLog 2.2 ^{TM} (Ottoni et al., 2000) tout en assurant à chaque fois l'élimination des odeurs en essayant avec l'éthanol 70 %.

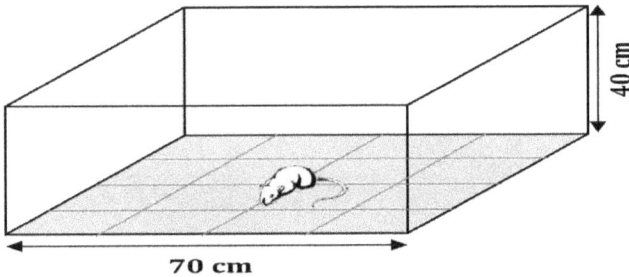

Figure 5. Illustration schématique du champ ouvert.

2.2.4.3. Test de la boite claire/obscure (Light/ Dark Box; LDB)

De nombreux paradigmes comportementaux basés sur différentes situations conflictuelles, interactions sociales ou explorations de nouveaux environnements ont été proposés pour modéliser l'anxiété animale. B. Costall et al ont décrit (Pharmacol. Biochem. Behav. 32 (3): 777-785, 1989) un nouveau modèle s'appuyant sur les propriétés aversives d'un open field et sur la comparaison des activités exploratoires dans un compartiment illuminé et dans un compartiment sombre sous influence de substances anxiolytiques (Arrant et al., 2013) . Pour la réalisation de ce test le dispositif de l'open field après avoir été divisé le plancher en deux compartiments : un d'eux (compartiment obscur) a été peint en noir et l'autre laissé transparent et éclairé par une lampe blanche brillante .Une ouverture jouant un rôle d'une porte a été crée entre les deux compartiments (10 cm × 10cm). Au début du test le rat est placé dans le compartiment clair et ses activités comportementales sont enregistrées pendant 5 min et calculés par le logiciel EhtoLog 2.2 [TM] (Ottoni et al., 2000).

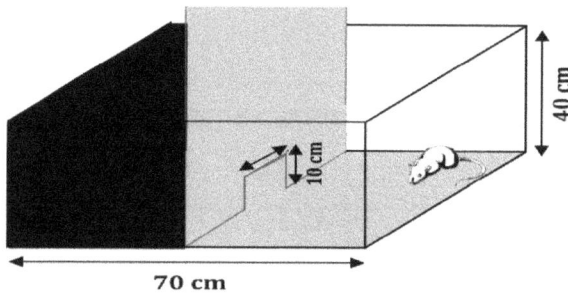

Figure 6. Illustration schématique de la boite claire/obscure.

2.3.4.4. Test du labyrinthe surélevé en forme de T (Elevated T-maze; ETM)

Ce test est appliqué pour déterminer les désordres anxieux chez les rongeurs suivant leur comportement d'échappement (Gobira et al., 2013). Le dispositif est préparé suite à une obstruction de l'un des bras fermé de Elevated plus-maze test avec une barrière cartonné (12 cm×40 cm) (Estanislau et Morato, 2005).Chaque rat est placé dans l'extrémité distale de l'un des deux bras ouverts et le temps (latence) qu'il prend à s'échapper vers le bras fermé a été mesuré en trois sessions consécutives (Echappement 1 , Echappement 2, Echappement 3) à 30 secondes d'intervalles. Un maximum de 300 secondes a été désigné pour toutes les sessions, indiquant la fin de la session si l'animal ne montre aucun comportement d'échappement. Après chaque session, le rat est retourné à sa cage et le dispositif est essuyé avec l'éthanol 70 %.

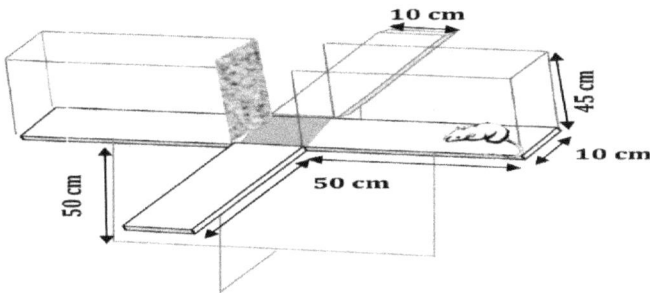

Figure 7. Illustration schématique du labyrinthe surélevé en forme de T.

2.2.5. Hématologie

Les paramètres hématologiques (WBC - Globules blancs, LYM - Lymphocytes, MONO - Monocytes, GRAN – Granulocytes) ont été mesurés à l'aide d'un automate d'hématologie (PCE-210 model 2009, Japan).

2.2.6. Dosages biochimiques

2.2.6.1 Protéine C- relatif (CRP)

Le taux de CRP dans le sérum a été mesuré par la méthode néphélométrie en utilisant MININEPHTM en accord avec le protocol de la manufacture (ZK044.L.R, The Binding Site Ltd, Birmingham, U.K.). L'interval de mesure est entre 3,51-12 mg/l pour un échantillon 1/40 de dillution. La sensibilité a été de 0,44 mg/l quand à la dillution 1/5 de l'echantillion a été utilisé.

2.2.6.2 IL6

La concentration d'IL-6 a été mesuré par méthode immuno-enzymatique ELISA type "sandwich" (kit : EK0412, Boster Biological Technology Ltd, USA). Toutes les mesures ont été prises comme elles ont été décrites dans le protocol fourni par le fabricant. Les densités optiques ont été lues à 450 nm et la concentration des échantillons a été calculée à partir de la courbe étalon en pg / ml d'IL-6. La dose minimale détectable (limite inférieur de détection) et le niveau de détection de l'IL-6 étaient typiquement inférieure à 5 pg / ml et de 62,5 à 4000 pg / ml, réspectivement.

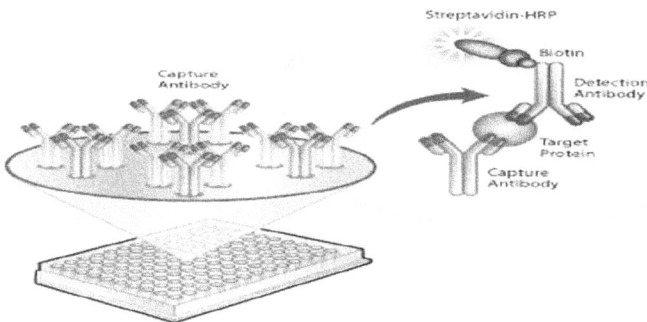

Figure 8. Illustration schématique de la méthode ELISA (sandwich).

2.2.6.3 ACTH

Pour mesurer les concentrations plasmatiques de l'hormone de l'ACTH, le test ELISA "competitive" a été réalisé selon les directives des fabricants. Le kit pour le dosage de l'ACTH a été obtenu à partir de Phoenix Pharmaceuticals Inc. Burlinngame, USA.

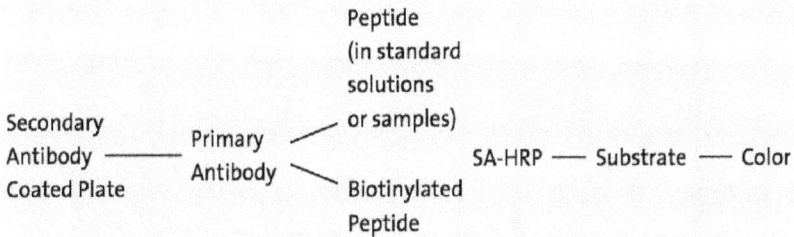

Figure 9. Illustration schématique de la méthode ELISA (competitive).

2.2.7. Analyse statistique des données

Ces calculs ont été effectués à l'aide du logiciel Minitab (Minitab® 15.1.1.0., Minitab Inc., USA). Les résultats sont exprimés en moyenne ± SEM (*Standard Error of the Mean*). Tous les paramètres mesurés ont été traités par une analyse de variance à un critère de classification (*one-way ANOVA*). La valeur de la probabilité P est égale à 0,05. Tous ces analyses statistiques ont été suivies d'un test post-hoc (Tukey-Kramer's) lorsqu'une différence significative est déterminée.

23

Résultats

3. RESULTATS

3.1. Comportement anxieux dans l' Elevated plus-maze test

Le comportement des rats du lot S ont montrés essentiellement une élévation très hautement significative du temps passé dans les bras fermés du labyrinthe (p<0.001) associer avec diminution très considérable du temps passé dans les bras ouverts (p<0.001) comparativement aux témoins. Ces mesures ont été significativement améliorées chez les rats traités par l'hespéridine IH ; GH mais chez ce dernier l'amélioration est significativement plus importante comparée au IH (p<0.01) pour le premier paramètre, (p<0.05) pour le deuxième paramètre (Fig.10).

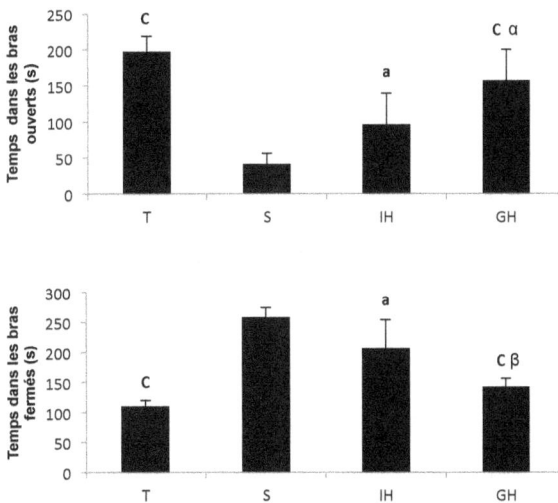

Figure10. Paramètres dans Elevated plus-maze des rats prétérités à l'hespéridine par voies orale ; intra-péritonéale et exposés deux heures de temps à l'air jet stress. Les résultats sont exprimés en moyenne ± SEM. $^a P < 0.05$ et $^c P < 0.001$ vs S ; $^\alpha P < 0.05$ et $^\beta P < 0.01$ IH vs GH.

3.2. Comportement anxieux dans Open field test

Le lot stressé S passe plus de temps dans la zone périphérique et peu de temps dans la zone central et enregistre moins de faculté motrice durant le test par rapport aux témoins (p<0.001). À l'opposé des GH (p<0.01) ; l'administration de l'hespéridine par injection chez le lot IH ne semble pas changer les résultats obtenus chez les rats S concernant le temps passé dans chacune des zones du test et la distance traversée (Fig.11).

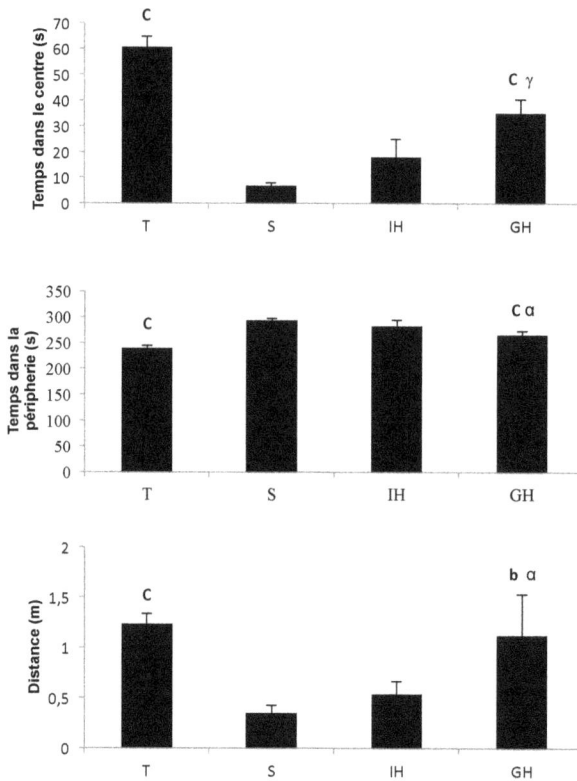

Figure11. Paramètres dans Open field des rats prétérités à l'hespéridine par voies orale ; intra-péritonéale et exposés deux heures de temps à l'air jet stress.

Les résultats sont exprimés en moyenne ± SEM. $^b P < 0.01$ et $^c P < 0.001$ vs S ; $^\alpha P < 0.05$ et $^\gamma P < 0.001$ IH vs GH.

3.3. Comportement anxieux dans Light/ Dark Box

Les rats du lot S passent significativement plus de temps dans le compartiment obscure et moins de temps dans le compartiment claire en comparaison avec les rats témoins T (p<0.001). Á l'inverse du lot GH (p<0.05) par rapport au lot S et IH. Le prétraitement par voie intra péritonéal n'améliore pas les performances comportementales des rats IH dans ce test ; à raison du non existence de différence significative entre ces derniers et les rats S (Fig.12).

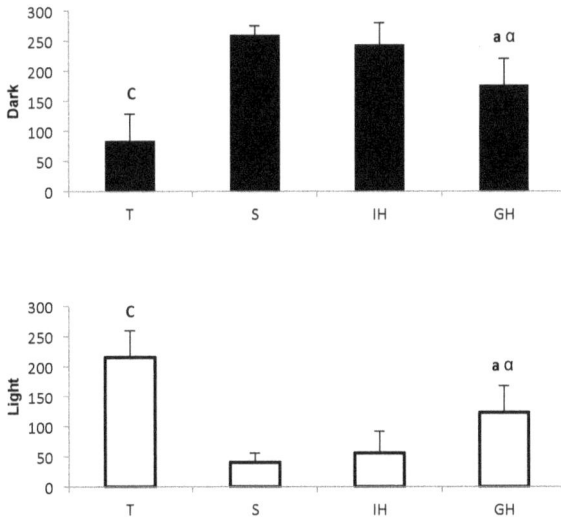

Figure12. Paramètres dans le Light/ Dark Box des rats prétérités à l'hespéridine par voies orale ; intra-péritonéale et exposés deux heures de temps à l'air jet stress. Les résultats sont exprimés en moyenne ± SEM. $^a P < 0.05$ et $^c P < 0.001$ vs S ; $^\alpha P < 0.05$ IH vs GH.

3.4. Comportement anxieux dans Elevated T-maze

Les rats exposés à l'air jet stress ont montrés une latence d'échappement significativement faible par rapport aux rats T (p<0.001). Pas de différence significative noté durant ces trois sessions d'échappements entre le lot S et IH ce qui n'est pas le cas des rats administrés oralement l'hespéridine au cours des échappements 1 ; 2 et 3 (p<0.001). Ces derniers résultats expliqueront la différence qui existe chez le lot GH comparé au lot IH pendant les trois sessions du test ; (p<0.01) pour échappement 1 et (p<0.001) échappement 2 ; 3 (Fig.13).

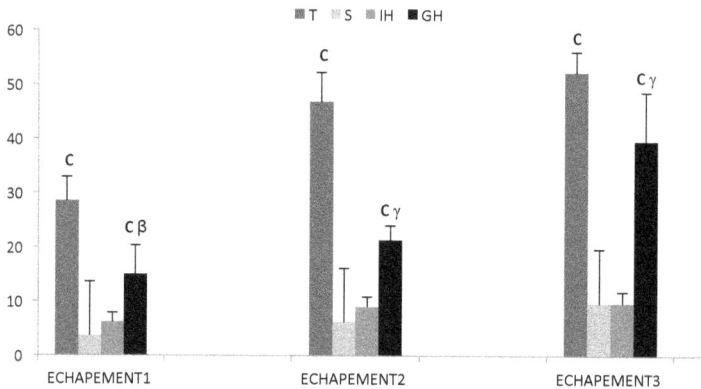

Figure13. Paramètres dans l'Elevated T-maze des rats prétérités à l'hespéridine par voies orale ; intra-péritonéale et exposés deux heures de temps à l'air jet stress. Les résultats sont exprimés en moyenne ± SEM. $^c P < 0.001$ vs S ; $^\beta P$ <0.01 et $^\gamma P$ <0.001 IH vs GH.

3.5. Comptage des cellules immunitaires

Les résultats de la formule lymphocytaire, montrent une augmentation hautement significative des granulocytes totaux chez les rats exposés au air jet stress (p<0.001) comparés aux témoins T. Il semble aussi être le cas des rats traités à l'hespéridine par voie orale où il n'est y a pas de différence sig`ificativeme` t avec le groupe S. L'opposé de ces résultats est sig` alé avec les taux des lymphocytes et mo`ocytes où `ous avo`s `oté par rapport aux témoi`s plutôt u`e suppressio` sig`ificative chez le groupe S (p<0.001). E` tre le groupe GH et IH il existe u`e différe`ce sig`ificative da`s la `umérotatio` mo`ocytaire, gra`ulocytaire (p<0.05) et lymphocytaire (p<0.001).

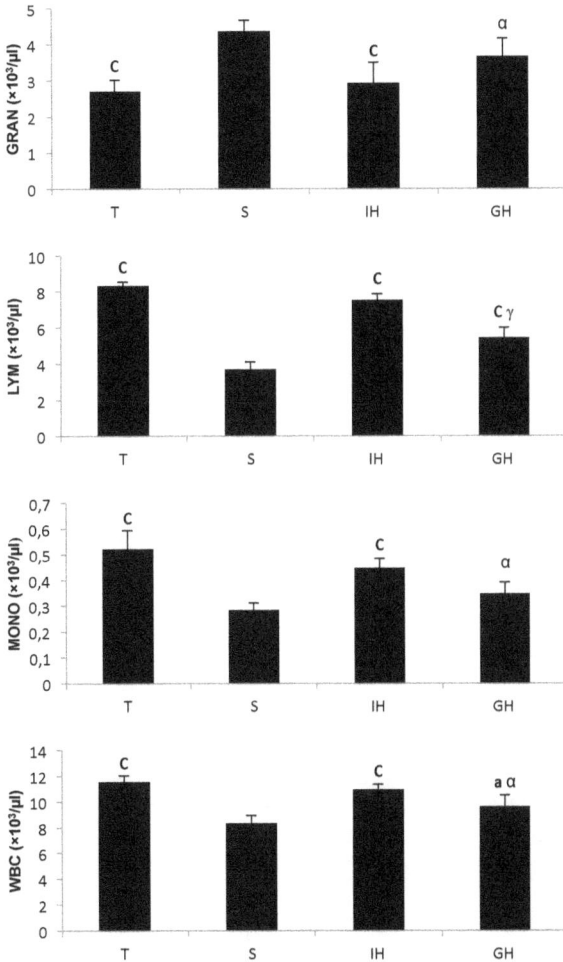

Figure14. Comptage des cellules immunitaires des rats prétérités à l'hespéridine par voies orale ; intra-péritonéale et exposés deux heures de temps à l'air jet stress. Les résultats sont exprimés en moyenne ± SEM. [b] $P < 0.01$ et [c] $P < 0.001$ vs S ;[α] $P <0.05$ et [γ] $P <0.001$ IH vs GH.

3.5. Taux plasmatique d'ACTH, CRP, IL6

Le résultat d'un mois d'injection intra-péritonéale est une augmentation significative des taux plasmatiques d' ACTH, CRP, IL6 comparés au groupe T et au groupe G (p<0.001) concernant l'ACTH et (p<0.05) pour IL6, CRP. Pas de différence significative entre le groupe G et les témoins T (Tableau2).

Tableau 2. Taux plasmatiques d'ACTH CRP, IL6 des rats traités au véhicule de l'hespéridine (Na Cl 0.9%) par voies orale (G) ; intra-péritonéale (IP).

Paramètres	T	IP	G
ACTH (pg/ml)	1,20±0,051b	1,85±0,86 c, γ	1,25±0,11
IL6 (pg/ml)	189,38±6,73	215,62±5,81a,α	187,8±1,30
CRP (mg/dl)	2,06±0,14	2,98±0,85a,α	2,02±0,11

Les résultats sont exprimés en moyenne ± SEM. [a] $P < 0.05$ et [c] $P < 0.001$ vs S ; [α] $P <0.05$ et [γ] $P <0.001$ IP vs G.

Discussion

4. Discussion

L'hespéridine (HN, hesperetin-7-rutinoside) est un flavanone glycoside très abondant dans les fruits de la famille citrus comme les oranges et les citrons (Ross and Kasum, 2002). Des applications expérimentales sur animal et homme de cette substance comportent de nombreux effets bénéfiques incluant des propriétés antioxydants, anti–inflammatoires en plus d'une capacité améli+oratrice remarquable de l'activité nerveuse centrale (CNS) et hématologique (Nielsen et al., 2006 ; Yamamotoet al., 2008 ; et al., Marder, 2003). Très soluble dans l'eau, elle a pu être administrée par voie orale et injection intra-péritonéale (i.p.) dans de nombreux travaux récents comme celui de Wasowski qui démontre que son administration par voie i.p aigue et chronique produit une dépression de l'activité locomotrice et exploratrice chez la sourie et le rat. Cette activité reste intacte lors de l'administration par voie orale qui induit au contraire un effet anxiolytique (Wasowski et al., 2012).

La même constatation été obtenu dans la présente étude après un prétraitement durant un mois des rats wistar à l'hespéridine (40mg/kg) où comparé à l'administration orale, le lot injecté présente moins de prévention contre les altérations comportementales du air jet stress reflété dans l'Open field par une augmentation du temps passé dans la périphérie par rapport au temps passé dans le centre du test avec une démunissions de l'activité locomotrice des rats. Dans Elevated plus-maze, l'effet anxiogène de l'air jet stress est exprimé par une augmentation du temps passé dans les bras fermés relativement au bras ouverts. Ces changements comportementaux peuvent probablement être dus à des dommages au niveau des régions contrôlant les activités motrices et anxiété-like.   En effet l'envoi d'un jet air comprimé dans la cage de l'animal (Lundin et al., 1982, 1983, 1984 ; Koepke and DiBona, 1985 ; Julien et al., 1988, 1992 ; DiBona and Jones, 1995 ; Zhang et al., 1996 ; Barrès et al., 2004 ; Kanbar et coll., 2007a) provoque un stress émotionnel psychologique qui influence sur les fonctions cérébrales en causant des changements de multiples systèmes neuronaux aboutissant à des désordres de type neuro-dégénératives.

L'utilisation de l'hespéridine en temps qu'un bio flavonoïde naturel certes a une susceptibilité positive contre les troubles comportementaux (Haenen et al., 1997 ; Maridonneau-Parini et al., 1986) démontré dans nos résultats par l'inversement des paramètres du Elevated plus-maze chez les deux groupes qui reçoivent l'hespéridine. Néanmoins la différence significative entre ces deux derniers et l'absence d'une amélioration quantifiable au niveau de l'Open field qui peut être associé au traitement par voie i.p non seulement il est attribuable à une voie métabolique distincte pour chaque technique d'administration de l'hespéridine comme conclue (Wasowski et al., 2012) mais aussi   au Handling de l'animal et la douleur des narcoses répétés de l'aiguille. Infligeant ainsi aux rats un stress à la foi psychique et physique surtout quand la procédure de l'injection dure plusieurs jours tout au long du Protocol (Gartner et al., 1980).

Davis et Perusse   supposent que l'expérience aversive des animaux de laboratoire affaiblira le lien avec l'homme. Ceci affectera les facultés de ces animaux dans les tests comportementaux utilisés dans les recherches biomédicales (Davis and Perusse, 1988). Ce qui fait que nous obtiendrons dans les trois sessions de Elevated T-maze un comportement d'échappement chez les rats injecter à l'hespéridine similaire au lot stressé avec une latence d'apprentissage révélé par une faible amélioration du temps passé dans le bras ouvert d'une session à une autre.

En effet le stress issus des interactions négatives avec l'expérimentateur nuira la capacité d'apprentissage et de la cognition, compromettant ainsi l'utilité des animaux utilisés en recherche biomédicale et limitera la validité externe des données en conclusion (Wolfle, 1985; Sherwin and Olsson, 2004; Pekow et al ., 2005). En revanche, un contact positif entre les animaux et les humains tels que nous avons maintenu en administrant l'hespéridine aux rats directement de la seringue, après un entrainement d'habituation à la procédure pendant une semaine à l'aide d'une solution sucré 5% peut réduire la réaction de stress associée à des pratiques expérimentales. Cela été signalé précédemment dans les résultats de l'Open field , Elevated plus-maze, Elevated T-maze en plus du test de la boite noire et blanche. Il indique que ceux du groupe GH répond mieux à l'antioxydant et passe significativement plus de temps dans le compartiment éclairé or le lot injecté, semble être aussi anxieux que le lot stressé.

Ces observations, suggèrent que les interactions animal avec les humains au cours d'une administration orale d'un antioxydant naturel qui imitent les interactions positives de la même espèce sociaux chez les rongeurs (par exemple, chatouilles, substituant à la stimulation tactile connue pendant le jeu désordonné, caresses, substituant aux stimuli tactiles reçus au cours de toilettage social) pourraient être utilisées comme alternatives à des récompenses qui vont substituer les effets aversifs de l'injection (Panksepp and Burgdorf,

2003; Burgdorf and Panksepp, 2001). Les changements comportementaux élucidés après exposition à l'air jet stress décèlent chez ces rats un aspect particulier de distribution immunitaire ; une dépression lymphocytaire accompagnée d'une élévation importante de la numérotation des granulocytaires. Effectivement des travaux scientifiques ont prouvés que l'exposition des rongeurs à un défit social important telle que un épisode de deux heures de jet air augmente la proportion granulocytaire et diminue celle des lymphocytes (Stefanski, 1998). Il est possible que les lymphocytes s'accumulent dans la moelle osseuse (Stefanski et al., 2003).

Par ailleurs le stress psychologique, peut aussi être derrière un niveau élevé des dommages oxydatifs, capables de perturber la balance prolifération /apoptose cellulaires sanguines (Irie et al., 2003; Epel et al., 2004; Forlenza and Miller, 2006; Gidron et al., 2006 Voehringer et al., 1999 ; Irani K et al., 2000 ; Shackelford et al., 2000). Le mécanisme exacte reste non clair néanmoins les chercheurs soupçonne la médiation des glucocorticoïdes liée au stress (Radak et al., 2005; Ballal et al., 2010). Le prétraitement à l'hespéridine, a pu en partie prévenir ces altérations immunitaires déclenchées par le renvoi du jet air chez les rats traités car elle présente en même temps des propriétés antioxydant importante en agissant à travers plusieurs systèmes physiologiques de l'orgiasme (Herbert et al., 1993 ; Deng et al., 1997; Suarez et al., 1998; Jovanovic et al., 1994 ; Garg et al., 2001 ; Nandakumar et al., 2012). En plus une action directe sur l'axe du stress corticotrope (HPA) que selon Cai et al, elle inhibe l'expression de l'ARNm des CRF dans l'hypothalamus et régule la hausse d'expression de la protéine GR (Cai et al., 2013). Mais ce qui reste curieux à comprendre dans les résultats obtenus, pourquoi au sens contraire des tests comportementaux réalisés ; l'hespéridine injecter semble mieux restaurés les valeurs des cellules blanches des dommages du air jet stress que la voie orale ?

Quelques études, suggèrent qu'il existe une fenêtre précise dans laquelle le développement de la réponse spécifique peut être altéré par le stress. Lors d'une réponse primaire, l'exposition au stress juste avant ou pendant les 24 heures suivant la vaccination serait une période critique. Un stress survenant plus tardivement n'aurait que peu ou pas d'effet (Kusnecov and Rabin, 1993; Moynihan et al., 1990; Woodet al., 1993; Zalcman et al., 1988). A partir de ces travaux, nous pouvons avancer que le Handling couplé au procédure de l'injection elle-même répété pendant un mois forme un pseudo- stress chronique qui va empêcher une déviation immunitaire lors de l'exposition au air jet stress. Une déviation, comme celle marquée avec le lot administré l'hespéridine oralement où l'absence du contacte aversif avec ces rats, les rends immunologiquement naïfs face au séance stressante de fort amplitude qui suivra le traitement.

La négligence d'un telle processus d'immuno -résistance par les chercheurs va probablement diminuer la qualité des donnés immunitaires récoltés en surestimant l'efficacité immuno-pharmacologique d'un produit naturel quelconque dont l'hespéridine. Cela est dû au non considération de l'impacte anxiogène de la technique du traitement sur le statut psychologique du model expérimental. A la base, un Placebo est utilisé sur des animaux considérés comme groupe control de l'expérience quand la comparaison avec le groupe actif s'impose.

L'administration du placebo sert à la distinction de l'effet causé par l'administration elle-même de l'effet du traitement et pour assurer une correcte exécution de l'analyse scientifique des données. Le même véhicule qu'on dissous le traitement dedans est fréquemment le même que le placebo. Ce qui est partiellement juste parce que des injections effectués de manière répétés sur des rongeurs avec un simple placebo auraient des effets inverses du traitement actif souhaité en déclenchant une réponse physiologique et comportementale identique face à un stresseur classique (Drago et al 2001).

La présence d'un pseudo stress liée aux injections intra péritonéal qui précède l'application du jet air et qui sera peut être originaire de l'immuno-résistance a été mise en évidence dans ce protocole par le biais d'autres lots traités uniquement au véhicule de l'hespéridine (placebo) en respectant le même délais du traitement avec l'hespéridine (un mois). Nous avons enregistré une réponse typique d'un stress qui consiste à une élévation des taux plasmatiques d'ACTH et d'IL6 à la fin de trente jours d'injection du véhicule NaCl 0,9%. La production significative des CRP accompagnée est associée aux taux d'IL 6 qui généralement modifient l'expression des protéines de la phase aiguë : C-reactive protein, sérum amyloïde A (SAA), haptoglobine, orosomucoïde, fibrino-gène. Parmi ces protéines, la CRP actuellement reconnue comme le marqueur de choix de la réponse inflammatoire qui accroit la production de cytokines de type inflammatoire donc amplifier les taux IL6 eux-mêmes (Gabay et al., 1999 ; Banks et al., 1995) .

La modulation de la réponse immunitaire est induite par un complexe des signaux bidirectionnelles qui fait intervenir le système nerveux, endocrinien et immunitaire (Blalock et al .,1994 ; Lambrecht et al., 2001). La sécrétion d'IL6 avec d'autres cytokines pro-inflammatoires est stimulée directement par la dépression et autres émotions négatives et expériences stressantes qui incluent les injections. D'un autre coté l'IL6 est un activateur potentiel de l'axe HPA (Liu et al., 2007). Ce qui se traduit par la libération d'ACTH, l'hormone excitatrice majeure des glucocorticoïdes. Après une session d'injections chronique ou un stress psychique, la sensibilité des cellules immunitaires à l'effet des glucocorticoïdes diminue (O'Connoret al., 2003; Stark et al., 2001). Les mécanismes moléculaires responsables de l'induction de la résistance aux glucocorticoïdes par le stress ne sont pas entièrement élucidés.

Le stress ne modifie pas l'expression du récepteur aux glucocorticoïdes (GR). En revanche, il empêche la migration du GR du cytoplasme vers le noyau (Quan et al., 2003). Le stress empêche donc le complexe GR-hormone d'inhiber la transcription des gènes de la voie NFkB tels que ceux des cytokines pro-inflammatoires. Il est possible que l'activité physique associée au manipulation expérimentale de l'animal au cours d'une injection soit en partie impliquée puisque l'exercice physique chez l'humain diminue aussi la sensibilité des lymphocytes sanguines à la dexaméthasone, un stéroïde de synthèse (Derijk et al., 1996) . Stress et activité physique induisant une libération d'IL-6 plasmatique, son rôle potentiel dans l'induction de la résistance a été testé in vitro (Starket al., 2002).

Conclusion et
Perspectives

5. Conclusion et perspectives

En conclusion, nous avons dans ce travail prouvé que ce soit par injection intra-péritonéale ou par voie orale l'hespéridine (40 mg/kg) maintiennent une efficacité préventive contre les altérations neurocomportementales et immunologique qui peuvent être induites lors d'un stress psychique comme c'est le cas du jet air stress. Toutefois ce travail approuve la considération des techniques non invasives comme l'administration orale où l'animal assure un lien de contacte positif avec l'expérimentateur et évite l'agressivité physique du Handling et la douleur des narcoses répétés qui non seulement comme nous avons démontré avec le traitement par le véhicule , source d'un pseudo- stress indésirer qui va compromettre les données des tests comportementaux au moment du traitement avec l'hespéridine en déclenchant une réponse corticotrope d'ACTH et de cytokine pro-inflammatoire. En plus du air jet stress cette réponse amplifiera le statut anxieux de l'animal. En conclusion retarder son effet bénéfique anxiolytique mais aussi agit sur les données de la formule immunitaire. Cela est probablement dû à l'augmentation des IL6 plasmatiques accompagné par les taux des CRP connus pour affecter la sensibilité des cellules immunitaires aux glucocorticoïdes. Ces perturbations, mettent en question la clarté des résultats comportementaux et immunitaires de tout travail de recherche focalisé sur les bénéfices des antioxydants naturel dont l'hespéridine. En conséquence nous appuyons dans un protocole expérimental, la distinction entre le groupe control qui reçoit le véhicule (placebo) et le groupe témoin intact dont le but d'isoler l'action du médicament sur le groupe actif de l'effet de l'administration elle-même.

A partir de ses résultats, il serait intéressant plus au moins à court terme, de réaliser les perspectives suivantes :

- Tester l'effet de l'hespéridine en appliquant des doses différentes avec vérification de l'équivalence de biodisponibilité sanguine de cette molécule en utilisant les deux techniques d'administrations (administration orale ; injection intra-péritonéale).

- Doser les enzymes antioxydants pour une évaluation plus approfondie des effets de l'hespéridine.

- Compléter le tableau des cytokines pro-inflammatoires en plus d'un dosage de la corticostérone pour plus de précision dans les résultats.

- Évaluer les effets du pseudo-stress dans une expérimentation sur les fonctions neuroendocriniennes et immunitaires de l'organisme maternel. Ceci correspondra au dosage d'un nombre d'hormones (l'oestradiol, la progestérone et la prolactine) et de cytokines (les interleukines IL-1 et IL-2, le facteur de nécrose tumorale TNF-α) clés.

- Accomplir les données obtenues par des ECG cardiaques pour détection de toute altération déclenchée par le jet air stress.

- Étudier les complications neurocomportementales liées aux techniques d'administrations aversives et à la manipulation agressive sur la progéniture et observer si elles sont transmissibles (recherche épi-génétique).

41

Références bibliographiques

6. RÉFÉRENCES BIBLIOGRAPHIQUES

A

- Angrini M, Leslie JC, Shephard RA. Effects of propanolol, buspirone, pCPA, reserpine, and chlordiazepoxide on open-field behavior. Pharmacol Biochem Behav 1998; 59: 387–97.
- Arrant AE, Jemal H , Kuhn CM. Adolescent male rats are less sensitive than adults to the anxiogenic and serotonin-releasing effects of fenflurmine. Neuropharmacfology 2013; 65:231-22.

B

- Banks RE, Forbes MA, Storr M, Higginson J, Thompson D, Raynes J, Illing-worth JM, Perren TJ, Selby PJ, Whicher JT. The acute phase protein response in patients receiving subcutaneous IL-6. Clin Exp Immunol 1995 ; 102 : 217-23.
- Barrès C, Cheng Y, Julien C. Steady-state and dynamic responses of renal sympathetic nerve activity to air-jet stress insinoaortic denervated rats. Hypertension 2004; 43: 629-635.
- Bartolomucci A. Social stress, immune functions and disease in rodents. Front. Neuroendocrinol 2007 ; 28 (1) : 28–49.
- Besedovsky H, Del Rey A. Immune-neuro-endocrine interactions: facts and hypotheses. Endocrinol 1996 ; 17 : 64-102.
- Besedovsky HO and Del Rey A. Immune-neuro-endocrine interactions: facts and hypotheses. Endocrine Reviews 1996; 17: 64-102.
- Blalock J E. A molecular basis for bidirectional communication between the immune and neuroendocrine systems. Physiological Reviews 1989; 69: 1-32.
- Blalock JE. The syntax of immune-neuroendocrine communication. Immunol Today 1994;15: 504–11.
- Burgdorf J, Panksepp J. Tickling induces reward in adolescent rats. Physiol. Behav 2001; 72: 167–173.

C

- Cai L , Li R, Wu QQ, Wu TN. Effect of hesperidin on behavior and HPA axis of rat model of chronic stress-induced depression. Zhongguo Zhong Yao Za Zhi.2013; 38 (2):229-33.
- Claude J , Thurin J M. Stress, immunité et physiologie du système nerveux .médecine sciences 2002 ; 18 (11) :1160-1166.

- Coryell, W., Noyes, R. Placebo response in panic disorder. Am. J. Psychiatry 1988 ; 145: 1138–1140.
- Costall B, Jones B J, Kelly M E, Naylor R J & Tomkins D M. Pharmacol. Biochem. Behav 1989; 32: 775-785.
- Cristina W, Leonardo M. Loscalzo, Higgs J and Marder M. Chronic Intraperitoneal and Oral Treatments with Hesperidin Induce Central Nervous System Effects in Mice PHYTOTHERAPY RESEARCH Phytother 2012; 26: 308–312.

D

- Davis H, Perusse R. Human-based social interaction can reward a rat's behavior. Anim. Learn. Behav 1988; 16: 89–92.
- Deng W, Fang X, Wu J. Flavonoids function as anti-oxidants: by scavenging reactive oxygen species or by chelating iron? Radiat Phys Chem 1997; 50(3): 271-6.
- Derijk R , Petrides J , Deuster P, Gold P W , Sternberg E M. Changes in corticosteroid sensitivity of peripheral blood lymphocytes after strenuous exercise in humans. The Journal of Clinical Endocrinology and Metabolism 1996; 81: 228-235.
- Dhabhar F S, Miller A H, McEwen B S and Spencer R L. Effect of stress on immune cell distribution, Dynamics and homnonal mechanisms. The Journal of Immunology 1995; 154: 5511-5527.
- DiBona GF, Jones SY. Analysis of renal sympathetic nerve responses to stress. Hypertension 1995; 25: 531-538.
- Dorshkind K and Horseman N D. Anterior pituitary hormones, stress, and immune system homeostasis. Bioessays 2001; 23: 288-294.
- Drago F , Nicolosi A, Micale V , Menzo G. Placebo affects the performance of rats in models of depression: is it a good control for behavioral experiments? European Neuropsychopharmacology 2001; 11: 209–213.

E

- Elenkov I J, Wilder R L, Chrousos G P and Silvester Vizi E. The sympathetic nerve - An integrative interface between two supersystems: the brain and the immune system. Pharmacological Reviews 2000; 52:595-638.
- Epel E S, Blackburn E H Lin J, Dhabhar F S, Adler N E, Morrow J D, Cawthon R M. Accelerated telomere short-ening in response to life stress. PNAS 2004; 101: 17312-17315.
- Estanislau C, Morito S. Prenatal stress produces more behavioral alterations than maternal separation in the elevated plus-maze and in the elevated T-maze. Behav Brain Res 2005; 163:70–7.

F

- Felten S Y and Felten D L 1991. Innervation of lymphoid tissue. In Psychoneuro-immunology (ed. R. Ader, D. L. Felten and N. Cohen), pp. 27-69. Academic Press, San Diego, California.

- Forlenza M J, Miller G E. Increased serum levels of 8-hydroxy-2'-deoxyguanosine in clinical depression. Psychosom. Med 2006; 68: 1-7.

G

- Gabay C, Kushner I. Acute-phase proteins and other systemic responses to inflammation. N Engl J Med 1999 ; 340 : 448-54.

- Garg A, Garg S, Zaneveld L J, and Singla A K. Chemistry and pharmacology of the citrus bioflavonoid hesperidin. Phytother 2001; 15(8) : 655-69.

- Gidron Y, Russ K, Tissarchondou H, Warner J. The relation between psychological factors and DNA-damage: a critical review. Biol. Psychol 2006 ; 72: 291-304.

- Gobira PH, Aguiar DC, Moreira FA. Effects of compounds that interfere with the endocannabinoid systeme on behaviors predictive of anxiolytic and panicolytic activitie in the T maze.Pharmacol.Biochem Behav 2013;110 :33-9.

- Grandin T, Rooney M.B, Phillips M, Cambre R.C, Irlbeck N.A, Graffam W. Conditioning of nyala (Tragelaphus angasi) to blood sampling in a crate with positive reinforcement. Zoo Biol 1995; 14: 261–273.

H

- Haenen G R M, Paquay JBG, Korthouwer R E M and Bast A. Peroxynitrite scavenging by flavonoids. Biochemical and Biophysical Research Communications 1997 236; (3): 591–593.

- Herbert T, Cohen S. Stress and immunity : a meta-analytic review. Psychosom Med 1993 ; 55 : 364-79.

- Hirata A, Murakami Y, Shoji M, Kadoma Y, Fujisawa S. Kinetics of radical-scavenging activity of hesperetin and hesperidin and their inhibitory activity on COX-2 expression. Anticancer 2005; 25:3367–74.

I

- Irani K. Oxidant signalling in vascular cell growth, death, and survival: a review of the roles of reactive oxygen species in smooth muscle and endot-helial cell mitogenic and apoptotic signalling. Circ Res 2000; 87:179-83.

- Irie M, Asami S, Ikeda M, Kasai H. Depressive state relates to female oxidative DNA damage via neutrophil activa-tion. Biochem. Biophys. Res. Commun. 2003 ; 311: 1014—1018.

J

- Jovanovic SV, Steenken S, Tosic M, Marjanovic B, Simic MG. Flavo-noids as anti-oxidants. J Am Chem Soc 1994; 116(11): 4846-51.
- Julien C, Cerutti C, Kandza P, Barres C, Su D, Vincent M, Sassard J. Cardiovascular response to emotional stress and spontaneous blood pressure variability in genetically hypertensive rats of the Lyon strain. Clin Exp Pharmacol Physiol 1988 ; 15: 533-538.

K

- Kanbar R, Oréa V, Barrès C, Julien C. Baroreflex control of renal sympathetic nerve activity during air-jet stress in rats. Am J Physiol Regul Integr Comp Physiol 2007; 292: 362-367.
- Kinsey S G, Bailey M T et al. The inflammatory response to social defeat is increased in older mice. Physiol. Behav 2008; 93 (3): 628–636.
- Kirstin Aschbacher , Aoife O'Donovan, Owen M. Wolkowitz Firdaus S. Dhabhar, Yali Su , Elissa Epel. Good stress, bad stress and oxidative stress: Insights from anticipatory cortisol reactivity.psychoneuroendocrinology 2013; 38 (9): 1698–1708.
- Koepke JP, DiBona GF. Central beta-adrenergic receptors mediate renal nerve activity during
- Kusnecov A W and Rabin B S. Inescapable footshock exposure differentially alters antigen- and mitogen-stimulated spleen cell proliferation in rats.   Journal of Neuroimmunology 1993; 44: 33-42.

L

- Lambrecht BNM. Immunologists getting nervous: neuropeptides, dendritic cells and T cell activation. Respir Res 2001; 2: 133–8.
- LeMay, L.G., Vander, A.J., et al., 1990. The effects of psychological stress on plasma interleukin-6 activity in rats. Physiol. Behav. 47 (5), 957–961.
- Liu Y-L, Hui B, Chi S-Met al. The effect of compound nutrients on stress-induced changes in serum IL-2, IL-6 and TNF-alevels in rats. Cytokine 2007; 37:14–21.
- Lundin S, Ricksten SE, Thorén P. Interaction between "mental stress" and baroreceptor reflexes concerning effects on heart rate, mean arterial pressure and renal sympathetic activity in conscious spontaneously hypertensive rats. Acta Physiol Scand1984; 120: 273-281.

- Lundin S, Ricksten SE, Thorén P. Interaction between mental stress and baroreceptor control of heart rate and sympathetic activity in conscious spontaneously hypertensive (SHR) and normotensive (WKY) rats. J Hypertens Suppl1983; 1: 68-70.
- Lundin S, Thorén P. Renal function and sympathetic activity during mental stress in normotensive and spontaneously hypertensive rats. Acta Physiol Scand 1982; 115: 115-124.

M

- Marder M, Viola H, Wasowski C, Fernández S, Medina JH, Paladini AC. 6-Methylapigenin and hesperidin: new valeriana flavonoids with activity on the CNS. Pharmacol Biochem Behav 2003; 75: 737–745.
- Maridonneau-Parini I, Braquet P, and Garay R P. "Heteroge-nous effect of flavonoids on K+ loss and lipid peroxidation induced by oxygen-free radicals in human red cells,"Pharma-cological Research Communications 1986; 18 (1): 61–72.
- Mavissakalian M. The placebo effect in agoraphobia. J. Nerv. Ment 1987; 175, 95–99.
- Moynihan J A, Ader R, Grota L J, SchachtmanT R, Cohen N. The effects of stress on the development of immunological memory following low-dose antigen priming in mice. Brain, Behavior, and Immunity 1990; 4: 1-12.
- Munck A, Guyre P M and Holbrook N J. Physiological functions of glucocorticoids in stress and their relation to pharmacological actions. Endocrine Reviews 1984; 5: 25- 44.

N

- Nandakumar N, Balasubramanian MP. Hesperidin a citrus bio-flavonoid modulates hepatic biotransformation enzymes and enhances intrinsic antioxidants in experimental breast cancer rats challenged with 7, 12-dimethylbenz (a) anthra-cene. J Exp Ther Oncol 2012; 9(4): 321-35.
- Nielsen IL, Chee WS, Poulsen L et al. Bioavailability is improved by enzymatic modification of the citrus flavonoid hesperidin in humans: a randomized, double-blind, crossover trial.J Nutr 2006; 136: 404–408.

O

- O'Connor K A, Johnson J D, Hammack S E, Brooks L M , Spencer R L , Watkins L R and Maier S. F. Inescapable shock induces resistance to the effects of dexamethasone. Psychoneuroendocrinology 2003; 28: 481-500.
- Ottoni, E B. EthoLog 2.2: A tool for the transcription and timing of behavior observation sessions. Behavior Research Methods, Instruments, & Computers 2000; 32 (3): 446-449.

P

- Panksepp J, Burgdorf J. Laughing rats and the evolutionary antecedents of human joy? Physiol. Behav 2003; 79: 533– 547.
- Patin V, Lordi B, Vincent A, Caston J. Effects of prenatal stress on anxiety and social interactions in adult rats. Brain Res Dev Brain Res 2005; 160:265–74.
- Pekow C. Defining, measuring, and interpreting stress in laboratory animals. Contemp. Top. Lab. Anim 2005; 44: 41–45.
- Pellow S, Chopin P, File SE, Briley M. Validation of open: closed arm entries in an elevated plus-maze as a measure of anxiety in the rat. J Neurosci Methods 1985;14:149– 67.
- Powell, N D., Bailey, M T et al. Repeated social defeat activates dendritic cells and enhances Toll-like receptor dependent cytokine secretion. Brain Behav. Immun 2009; 23 (2): 225–231.

Q

- Quan N, Avitsur R, Stark J. L , He L , Lai W, Dhabhar F S and Sheridan J F. Molecular mechanisms of glucocorticoid resistance in splenocytes of socially stressed male mice. Journal of Neuroimmunology 2003; 137: 51-58.

R

- Rao TS ,Asha MR, Ramesh BN , KS.Understanding nutrition,depression and mental illnesses.Indin JPsychiatry 2008;50 (2):77-82.
- Ross JA, Kasum CM. Dietary flavonoids: bioavailability, metabolic effects, and safety. Annu Rev Nutr 2002; 22:19–34.

S

- Sáenz JCB, Villagra OR, Trías JF. Factor analysis of forced swimming test, sucrose preference test and openfield test on enriched, social and isolated reared rats. Behav Brain Res 2006; 169:57–65.
- Shackelford RE, Kaufmann WK, Paules RS. Oxidative stress and cell cycle checkpoint function. Free Rad Biol Med 2000; 28:1387-404.
- Sherwin C M, Olsson,I.A.S. Housing conditions affect self-administration of anxiolytic by laboratory mice.Anim. Welfare 2004; 13: 33–38.
- Sonja B. Schleimer, Graham A.R. Johnston, Jasmine M. Henderson. Novel oral drug administration in an animal model of neuroleptic therapy. Journal of Neuroscience Methods 2005; 146: 159–164.

- Stark J L , Avitsur R , Hunzeker J , Padgett D A , Sheridan, J F. Interleukin-6 and the development of social disruption-induced glucocorticoid resistance. Journal of Neuroimmunology 2002; 124: 9-15.
- Stark J L, Avitsur R, Padgett D A, Campbell K A, Beck F M and Sheridan J F. Social stress induces glucocorticoid resistance in macrophages. American Journal of Physiology. Regulatory , Integrative Comparative Physiology 2001; 280: 1799-1805.
- Stefanski V and Engler H. Social stress, dominance and blood cellular immunity. Journal of Neuroimmunology 1999; 94: 144-152.
- Stefanski V, Peschel A. and Reber S. Social stress affects migration of blood T cells into lymphoid organs. Journal of Neuroimmunology 2003; 138: 17-24.
- Suarez J, Herrera MD, Marhuenda E. In vitro scavenger and antioxidant properties of hesperidin and neohesperidin dihydro-chalcone. Phytomedicine 1998; 5(6): 469-473.

T

- Takaki A, Huang Q H, et al. Immobilization stress may increase plasma interleukin-6 via central and peripheral catecholamines. NeuroImmunoModulation1994; 1 (6): 335–342.

V

- Voehringer DW. BCL-2 and glutathione: alterations in cellular redox state that regulate apoptose sensitivity. Free Rad Biol Med 1999; 27:945-50.

W

- Wilckens T and De Rijk R. Glucocorticoids and immune function: unknown dimensions and new frontiers. Immunology Today 1997; 18: 418-424.
- Wolfle T. Laboratory animal technicians. Their role in stress reduction and human-companion animal bonding. Vet. Clin. North Am. Small Anim. Pract. 1985; 15: 449–454.
- Wood P G, Karol M H, Kusnecov A W , Rabin B S. Enhancement of antigen-specific humoral and cell-mediated immunity by electric footshock stress in rats. Brain, Behavior, and Immunity 1993: 7; 121-134.

Y

- Yamamoto M, Suzuki A, Hase T. Short-term effects of glucosyl hesperidin and hesperetin on blood pressure and vascular endothelial function in spontaneously hypertensive rats.J Nutr Sci Vitaminol (Tokyo) 2008; 54:95–98.

Z

- Zalcman S , Minkiewicz-Janda A, Richter M, Anisman H. Critical periods associated with stressor effects on antibody titers and on the plaque-forming cell response to sheep red blood cells. Brain, Behavior, and Immunity 1988; 2: 254-266.
- Zhang ZQ, Julien C, Barrès C. Baroreceptor modulation of regional haemodynamic responses to acute stress in rat. J Auton Nerv 1996; 60: 23-30.

www.ingramcontent.com/pod-product-compliance
Lightning Source LLC
Chambersburg PA
CBHW021609210326
41599CB00010B/681